图书在版编目（CIP）数据

民以食为天 / 史晓雷主编；胡玉婷著；毕贤昊绘. —
北京：北京出版社，2022.4
（时间里的中国）
ISBN 978-7-200-17065-8

Ⅰ. ①民… Ⅱ. ①史… ②胡… ③毕… Ⅲ. ①饮食—文化史—中国—少儿读物 Ⅳ. ①TS971.202-49

中国版本图书馆CIP数据核字(2022)第039200号

总 策 划：黄雯雯
责任编辑：张亚娟
封面设计：侯　凯
内文设计：魏建欣
责任印制：武绽蕾

时间里的中国
民以食为天
MIN YI SHI WEI TIAN

史晓雷　主编　胡玉婷　著　毕贤昊　绘

*

北 京 出 版 集 团
北 京 出 版 社　出版
（北京北三环中路6号）
邮政编码：100120

网　　址：www.bph.com.cn
北 京 出 版 集 团 总 发 行
新 华 书 店 经 销
河北环京美印刷有限公司印刷

*

889毫米×1194毫米　12开本　4印张　30千字
2022年4月第1版　2022年4月第1次印刷
ISBN 978-7-200-17065-8
定价：69.00元
如有印装质量问题，由本社负责调换
质量监督电话：010-58572393

时间里的中国

民以食为天

史晓雷 主编
胡玉婷 著
毕贤昊 绘

北京出版集团
北京出版社

序　言

我们每个人的一生都在时间里度过。时间在悄无声息地流逝着，无论你是否意识到它的存在。对一个国家而言，流淌的时间积淀下来便汇成文明。

我们中国是举世闻名的四大文明古国之一，她拥有灿烂辉煌的历史与文明，养育了勤劳智慧的中华民族，生生不息，延续至今。

现在，我们将驾驶四叶小舟，它们分别是"服饰的秘密""民以食为天""房屋的建造""为了去远方"，乘着它们，沿着历史长河的脉络，从源头一直驶向现代文明，这样可以一览河流两岸旖旎的水光山色。

"服饰的秘密"小舟带我们瞥见远古时期山顶洞人的骨针与串饰，在马王堆汉墓薄如蝉翼的素纱禅（dān）衣前留下惊叹；品鉴华贵艳丽的盛唐女装，在《清明上河图》的贩夫走卒中流连。

"民以食为天"小舟带我们穿梭在纵横交错的饮食文化中：五谷的栽培与驯化，食材的引进与栽种，"南米北面"风俗的由来，喝酒与饮茶之风的形成，如此等等，不啻（chì）一趟舌尖上的中国之行。

"房屋的建造"小舟带我们徜徉在曾经的栖居之地，从穴居部落到宫殿城墙，从秦砖汉瓦到寺庙桥梁，从徽派民居到陕北窑洞，从巍巍长城到大厦皇皇。一定让你大饱眼福，心旷神怡！

"为了去远方"小舟带我们参观另一番景象，从轮子的使用到车马奔驰在秦驰道上，从跨湖桥约8000年前的独木舟到明代郑和下西洋的庞大船队，从丝绸之路到京杭大运河，从指南针到北斗导航，高铁如风驰电掣，"天问一号"探测器在火星工作一切正常。

在旅途中掬几朵历史的浪花吧，它们是我们祖先智慧的结晶。透过这些浪花，我们会窥见一个陌生、神奇而又熟悉的世界。时间塑造了这个世界，她见证了中华民族的过去，彰显了历史的智慧，昭示了光明的未来。驾上小舟，出发吧！

湖南农业大学通识教育中心副主任、科技史博士　史晓雷

现在，让我们一起踏上"时间里的中国"的第二站——食。

自古以来，中国就是一个美食大国。古人常说"民以食为天"，这是什么意思呢？就是说吃饭对我们来说是天大的事情。在源远流长的历史文化里，对于吃这件事，中国人可是研究得十分透彻。从用来充饥的五谷，到各种各样的面食；从令人垂涎欲滴的肉类，到营养丰富的可口蔬菜，再到各种别具特色的地方菜、小吃、饮品、糕点……中国人研究出的美食可谓数之不尽。直到今天，我们仍然品尝着各种流传下来的经典美食，这些舌尖上的美食，折射出古人的智慧与对味道的追求，也蕴藏着博大精深的中国饮食文化。

我们的祖先吃什么？

今天我们吃的粮食、蔬菜和水果又是来自哪里？

古人怎么炒菜、喝酒、吃茶？

八大菜系是如何形成的？

传统节日有哪些特别的美食？

少数民族的饮食习惯和汉族人有什么不同？

……

接下来，就让我们一起去书里一探究竟吧！

种下第一粒粮食

远古时代，我们的祖先怎么生活呢？他们过着群居生活，通过抓野兽、捕鱼、采集野果来填饱肚子，过着饥一顿饱一顿的日子。随着人口越来越多，人们需要更多的食物。后来，他们发现，随意扔在地上的果实和种子第二年居然会发芽生长，便开始培育植物。于是渐渐有了各种农作物，五谷也成为人们的主要粮食。他们还发明了耒（lěi）耜（sì）等农具，驯养家猪，原始农业生产越来越完整。

原始农业

传说最早种植作物的是神农氏，也就是炎帝，耒耜等农具也是由炎帝创制的，从此，原始农业生产有了一套比较完整的方法。

生火做饭

猪是人类最早驯化的家畜之一。你看，那时的猪还长着獠牙，看上去有点儿凶，经过了好多年，才变成今天的样子。

采集野果

耒耜

最早发明的用于农业生产中翻整土地和播种庄稼的农具。现在人们发现的最早的耒耜已经有约7000年历史。

> 喂猪喽！

> 好晒啊！

> 今年种下的这些种苗，应该够明年吃一段日子了。

"五谷"是什么？

稷 也称粟，俗称谷子，去皮后就是我们吃的小米。距今约1万年前的北京东胡林遗址，出土了迄今世界上最早的碳化粟粒，是我国北方人民的主要粮食之一。

黍（shǔ）北方称之为黄米，外形与小米类似，煮熟后有黏性，可以酿酒、做糕等，8000多年前的内蒙古兴隆洼文化时期，先民已经开始种植黍了。

稻 通称水稻，籽实去皮后就是我们吃的大米。我国是世界稻作的起源地，有上万年的历史。

麦 小麦的颖果去皮后磨成面粉，可制作馒头、面条等食物。石磨发明后，面粉制作的各种面食成为人们的主要食物之一。

菽（shū）菽是豆类的总称，在古代也指大豆。豆子种类繁多，有红豆、绿豆、黄豆、黑豆等。

他们在收割水稻。

今年稻子收成不错呀。

是啊，一会儿你去捉条鱼，咱们晚上好好吃一顿。

他们在用磨盘碾磨稻米。

他在用骨质的鱼叉叉鱼。

从生食到熟食

大约 5000 年前，我们的祖先学会了"钻木取火"的方法，从此告别了"茹毛饮血"的时代。但这时不过是简单地用火加热食物。直到发明了陶器，人们才吃上真正意义上的熟食。

原始烹饪方法

取火的方法发明以后，人类开始了最早的熟食加工。

炮制

"炮制"就是用泥土把食物包裹起来，再放到火里烧熟的方法。

相传"钻木取火"是燧人氏发明的，是用一根硬木棒钻进木头上的孔，靠不断摩擦生热来取火。"击石取火"即用打火石互相击打产生的火星来取火。

石板烧

"石板烧"是早期石烹方法的一种，就是把带壳的米和肉放在烧得滚烫的石板上烤熟。

石烹

"石烹"就是在地上挖一个坑，铺上兽皮，注满水后放入食物，再把烧得滚烫的石头不断扔进水中，直到水煮沸、食物煮熟为止。

烤制

"烤制"就是把食物架起来，放在火焰上烤熟。

手好酸啊，这火什么时候才能着起来？

钻木取火

击石取火

烤的鱼好香啊。

火再旺点儿就好了。

蒸熟的大米真香啊。

陶器

　　谷物成为人类的主食后，为了更好地加工谷物，人们发明了陶器。自从有了陶器，古人就可以把各种食物放入陶器中烹煮，人类从此真正进入了熟食时代。

❖ **陶鼎**

　　7000多年前，陶鼎就已经被黄河中下游地区的原始人类广泛使用了。它的底部有3根支柱，大一些的可以直接作为炊具烹饪食物。

❖ **炉灶**

　　陶质的炉灶上面用来放置釜等器具，下面则用来生火，这一炊具的发明使烹饪食物变得更加方便。

❖ **釜**（fǔ）

　　釜是古人最早发明使用的陶器，主要用来煮熟食物，就像我们现在用的锅一样。

❖ **甑**（zèng）

　　甑是底部有很多小孔的陶盆，可以放在釜上配合使用，就像我们现在的蒸笼一样。甑的发明使人们在烹饪时多了"蒸"的方法。

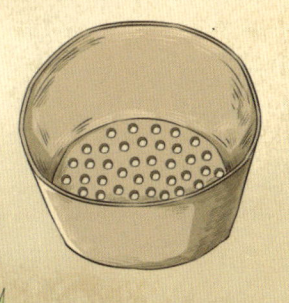

给食物加点"料"

早期原始人类在发明调味品之前，吃的都是没有调味的食物，大多时候只是为了填饱肚子，谈不上享受美食。陶器出现后，调味品也随之问世，人们开始追求味蕾的享受。

早期出现的咸盐和酸梅，使食物有了简单的味道。到了夏商周时期，又出现了酱、醋、糖等，醋代替酸梅成为广受欢迎的酸味调料，各种天然调味品，如葱姜蒜等也登上了餐桌，人们在食物的味道上有了更多选择。

盐

据传，在黄帝时期，盐就已经出现了。住在海边的人们最早发明了"煮海为盐"的方法，后来内地人又发明了提取池盐、岩盐和井盐的方法。盐作为"百味之首"，在烹饪时可以很好地去除食材的异味，使食物更加美味。

[煮海盐]

油

据说油是炎帝最先创制的，人们早期食用的油都是从肉类中提取的。汉武帝时，人们掌握了从植物的籽实中榨油的技术，张骞出使西域带回了"芝麻"，从此出现了"芝麻油"。

[芝麻] [油脂] [动物肉]

酱油

随着酱的普及，人们又创制出"酱汁"，也就是现在的酱油。酱油能为菜肴增色添香，西汉时开始普及。

酱

人们普遍认为，酱出现在周朝。据史书记载，最初的酱是将肉剁碎，加入适量盐和酒，搅拌均匀后腌制而成，味道鲜美，是人们餐桌上的佳肴。

酸梅

在醋出现以前，人们借用酸梅的酸味来调节食物的味道。

[酸梅]

醋

中国人用谷物酿醋已有3000多年的历史，醋出现后取代酸梅成为餐桌上的酸味调料。醋还有消毒、解酒等药用价值。

[醋] [陶锅]

❖ 糖

先秦时期，人们就已经发明了制糖的工艺——用淀粉水解出麦芽糖。到汉末时，人们开始用甘蔗制糖，唐代又创制出了"冰糖"，糖的家族不断壮大。

❖ 花椒

先秦时期，花椒因其独特的香味，被用于祭祀活动中，后来才成为一种调味品。

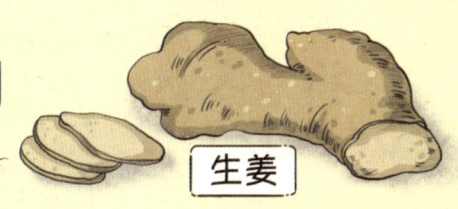

❖ 葱

葱类早期大多生长在北方，在加热的油脂中加入生葱，可以迸发出浓烈的香味，是做菜的重要调味品。

春秋时期，燕庄公邀请齐桓公帮忙，带军北上大败山戎族，将战利品小葱带回了山东。现在山东仍是小葱的重要产地。

❖ 姜

战国时期，人们已经开始种植生姜了，姜辛辣芳香，可以很好地去除腥味，并提升食物的鲜美度。

❖ 蒜

大蒜是汉武帝时期张骞出使西域时带回来的，传入中国后很快成为广受欢迎的调味品。

早期的盐因为制作起来非常麻烦，价格昂贵，所以历代统治者都十分重视。

早在春秋时期，齐国管仲就已经设置盐官负责煮盐，并把盐出售到其他诸侯国，赚取了许多利润。

汉武帝还制定了盐法，设立盐官，严禁私人制盐、卖盐，这一律法一直延续到近代。

一大拨食物来袭

夏朝时，农业有了长足的发展。商朝时，人们发明制作了青铜器，农业、渔业、畜牧业得到突飞猛进的发展。春秋战国时期，因大力推行铁制工具、修建水利工程、鼓励开垦田地等许多有利于农业发展的新政策和新制度，食品原料从而大大增加，人们的饮食文化也越来越丰富。

哇，今天有鱼吃哦！

太香了！

❖ 六畜

"六畜"指马、牛、羊、鸡、狗、猪。早在新石器时代，人们就已经驯养狗、猪、牛、羊，后来又驯养鸡。夏商周时期，人们开始修建牛棚、马棚、羊圈、猪圈等，注重饲养家畜的质量。春秋战国时期，家畜成为食物的重要来源。

❖ 上层社会的美食

后来，春秋战国时期农业生产发展迅速，耕地面积不断扩大，导致牧场逐渐缩小，肉类相对紧缺，于是肉类成了上层社会才能享用的美食。

猪肉

甲鱼　鱼

❖ 丰富的水产品

春秋战国时期，由于肉类紧缺，水产品备受民众的喜爱，尤其在南方，鱼成为人们饭桌上一道鲜美的食物。

❖ **果园**

周代出现了果园,各种水果丰富了人们的饮食。

枣　山楂　李子　梨

桃　杏

柑橘

❖ **菜园**

商代出现了菜园,从那时起,人们开始有规模地种植和培育蔬菜。

萝卜　芹菜　韭菜　葱

荇菜　菰米 VS 茭白　冬苋菜 VS 秋葵

❖ **荇菜**

荇菜就是我们现在常能见到的漂浮在水面的绿色圆叶,先秦时曾作为人们餐桌上的蔬菜,但后来很少有人再食用。

❖ **菰(gū)米**

菰的籽实叫菰米,也被称为"雕胡米"。西周时,人们发现菰米茎部染上黑粉菌,会膨大变成另一种美食——茭白。后来,茭白越来越受欢迎,菰米则逐渐被抛弃。

❖ **葵**

葵就是我们现在所说的冬苋菜,古代作为蔬菜广受欢迎,如今已经很难见到了。不过,葵的远亲——原产于东南亚的"秋葵",如今已占领人们的餐桌。

11

吃饭要懂"礼"

春秋战国时，人们十分重视饮食礼仪。无论是在宴席上，还是平时吃饭的餐桌上，都有一系列需要遵守的礼仪。直到今天，我们仍然保留着古时的一些礼仪要求。除了饮食礼仪，那时的人们对饮食卫生也相当讲究。

饮食等级森严

春秋战国时期由于食物匮乏，饮食有着严格的等级规定。普通民众一般以粮食、蔬菜作为食物，极少能吃到肉食，只有上层社会能吃到肉食。宴会上明确规定了哪个等级的人吃哪种肉，如国君吃牛肉，大夫吃羊肉，士吃犬肉、猪肉，等等。

❖ **日常饮食礼仪**

在日常生活中，古人也非常讲究饮食礼仪。在与长者一起吃饭时，要让长者先吃，等长者吃完后自己才能放下筷子。进食时不要大口大口地吃饭，更不能把饭粒、汤水等洒在桌子上……其中许多饮食礼仪我们今天依然遵守。

❖ **饮食卫生**

春秋战国时期人们已经很讲究饮食卫生了，如孔子就曾明确提出：变味的粮食、腐败变质的鱼和肉不能吃；颜色变得难看、气味难闻、烹饪不好的食物不能吃。此外，他还提出饮酒要适度的原则。直到今天，这些原则仍适用。

❖ **宴饮礼仪**

春秋战国时期，宴饮礼仪已经很烦琐了。到了秦汉时期，宴会已经成为人们生活中不可或缺的交流纽带。中国古代的宴饮礼仪十分丰富，其中有不少直到今天人们还在沿用。

1. 在宴会中，食品端上来时客人要起立，主人让食时客人要热情取用；
2. 毋咤食：不要在吃饭时嘴巴发出声音，发出声音是很不礼貌的行为；
3. 毋放饭：不要把拿过或咬过的食物放回盛器里；
4. 毋固获：不要喜欢吃哪一个菜就专门挑这一种吃，也不要抢着吃；
5. 毋扬饭：不要为了吃得快，就用食具扬起饭羹来散热；
6. 毋刺齿：不要在吃饭时当众剔牙。

面食大变身

秦朝时，由于秦始皇统一了六国，推行农田水利建设，推广先进的生产技术，农业得到了更大发展，饮食方面也出现了大的变革。汉朝时开始普及石磨，将小麦磨成面粉，再做成面食，味道非常好，小麦一跃成为广受人们欢迎的食物原料。

谷物

❖ 水磨上层结构

谷物在这里被磨成粉末状，用以加工制作成食物。

❖ 水磨

到了晋代，石磨逐渐发展成熟，除了用人力、畜力驱动石磨外，还出现了用水力驱动的石磨。水磨节省了人力，同时也提高了面粉的产量，使面食变得更加普及。

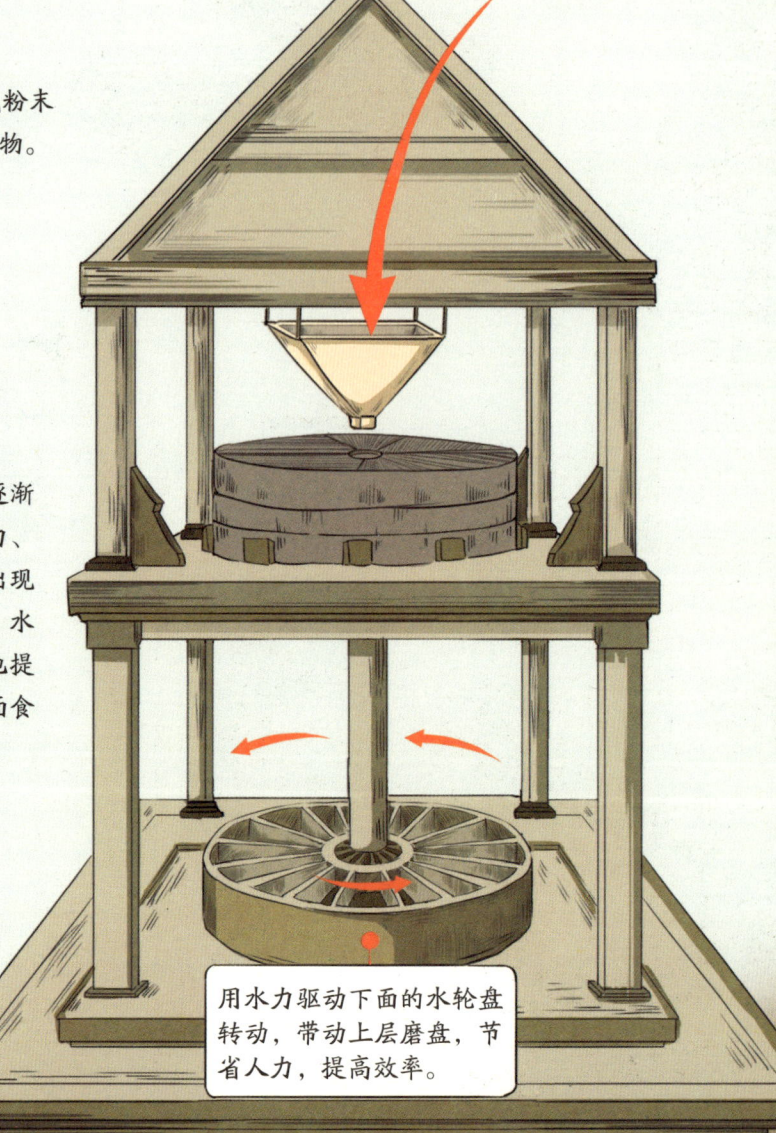

❖ 石磨

根据古代文献记载，最早在战国时期就出现了圆形的石磨。有了圆形石磨，人们可以将小麦磨成更细的面粉，用来制作面食。

但战国时期，石磨还没有普及，更多普通民众的饮食方式仍然以"粒食"为主，到了汉代，石磨的使用才得到进一步推广。

谷物

用水力驱动下面的水轮盘转动，带动上层磨盘，节省人力，提高效率。

面食"大聚会"

❖ 烧饼

在古代,"饼"是一切面食的统称。其中"烧饼"指的是饼面上粘有芝麻的饼。据记载,汉朝人吃的烧饼其实是有馅的,但外形与我们现在吃的无馅烧饼几乎一样。

❖ 面条

面条出现在汉朝,当时有"索汤""汤饼"的叫法。面条种类众多,有手擀面、拉面、扯面、刀削面等,极大地丰富了人们的餐桌。

❖ 水饺

水饺是一种极具特色和代表性的中华美食,据记载起源于东汉时期,为医圣张仲景首创。春节吃水饺是中国人的重要传统,水饺味道鲜美,皮薄馅嫩,令人回味无穷。

❖ 蒸饼(馒头)

古代人吃的"蒸饼"就是我们今天吃的馒头。馒头出现在东汉末年,那时的馒头很多是有馅的,就像我们今天吃的包子,而包子这个名字直到北宋才出现。

馒头松软可口,营养丰富,是北方人必不可少的主食。

> 我一口气能吃4个!

> 饺子真香啊!

一天要吃三顿饭

远古时期，由于食物没有保障，人们还没有一天吃几顿饭的概念。夏商周时期，人们有了稳定的食物来源，才逐渐形成一日两餐制。从汉代起，变成了一日三餐制，不过仍然是"分餐制"，到隋唐才出现"合食制"。

❖ **一日两餐制**

夏商周时期，人们一天吃两顿饭，早饭称作"朝食"，在上午9点左右就餐；晚饭称作"食"，在下午4点左右就餐。

鼎，用来盛肉食的容器。

漆盘、漆碗，用来盛食物的餐具。

❖ **一日三餐制**

汉代，变成三餐制。早饭，在天色微明后就餐；午饭，在正午时就餐；晚饭，在下午5点左右就餐。

古人的就餐时间主要是为了适应人们"日出而作，日入而息"的生活方式。

❖ 筷子的出现

最早的筷子是用竹子和木头制成的，到了商朝末年，贵族阶层出现了用象牙、玉石、金属等制作的筷子。秦朝末年，筷子才真正开始普及。

❖ 用筷子的禁忌

忌敲筷：不能用筷子敲打碗碟；

忌掷筷：发筷子时要理顺轻轻放在客人面前，不能随手乱扔；

忌叉筷：不能将筷子交叉摆放；

忌插筷：不能将筷子插在饭、菜中；

忌挥筷：不能用筷子在盘子里上下左右乱翻；

忌搁筷：吃完饭不能将筷子搁在碗上。

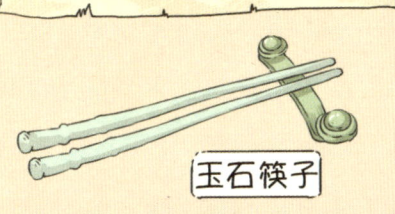

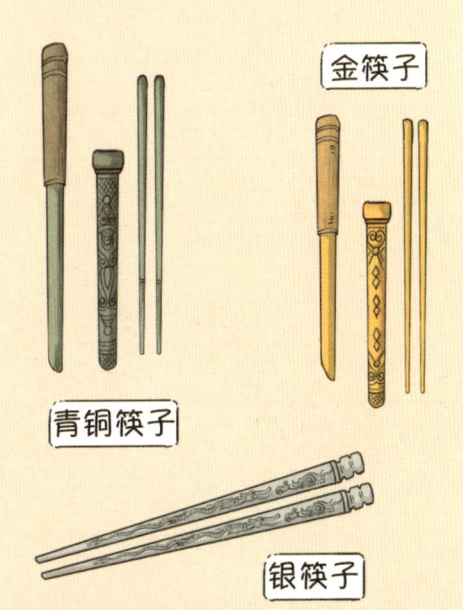

金筷子

象牙筷子

青铜筷子

玉石筷子

银筷子

项羽

项庄

刘邦

❖ 分餐制

食案最早出现于战国时期，汉代时开始普及。就餐时，人们纷纷席地而坐，每个人面前摆一个食案，食案上摆放着各自的食物，这就是古代的"分餐制"。"鸿门宴"中，项羽、刘邦等人就是分桌用餐的。

❖ 合食制

"合食制"是隋唐时期才出现的。随着周边的少数民族向汉族聚居地迁徙，床、榻、桌、椅等也进入了百姓的生活中，人们开始围坐在一起吃饭。但直到宋朝"合食制"才在民间普及。

我要吃这块肉！

古人怎么炒菜

在炒菜出现之前，人们制作菜肴主要采用水煮、油炸、火烤和调制羹汤的方式。隋唐时期的菜谱中已经出现了不少炒菜，但那时人们还把这种烹饪方式称作"熬"。宋代开始，人们才有了"炒菜"的叫法，炒菜的种类变得越来越多，味道也越来越丰富。

❖ **炒锅的发展**

炒菜的兴起与金属炊具的普及是紧密相关的。炒菜虽然在汉末及六朝时期已经出现，但那时使用的大都是青铜材质的笨重锅具，因此炒菜主要为上层阶级所享用。

古代铜锅

古代铁锅

直到宋朝铁锅才开始得到推广，炒菜逐渐由贵族专享变成百姓也能吃到的美食。铁锅导热系数高，内侧平滑，能迅速而均匀地将火焰的热量传导到整个锅具。

❖ **书中的炒菜**

北魏著名的农学家贾思勰在其农学著作《齐民要术》中，第一次明确记载了炒菜的做法，那时的炒菜还被叫作煎菜。

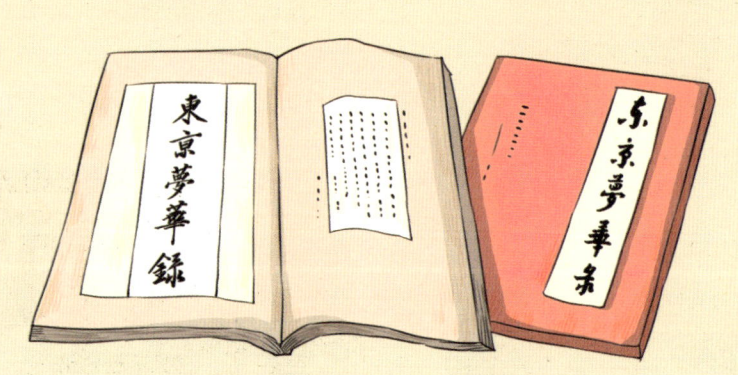

选料

宋朝以后，炒菜开始频繁出现在各类著作中，如宋代孟元老在《东京梦华录》中就记载了多种炒菜，有炒兔肉、炒蛤蜊、炒蟹、生炒肺片等。

炒菜快速方便，味道鲜美，又能保留食物的营养成分，可以说是中国人对世界烹饪的一大贡献。

炒菜的讲究

❖ **选料**

炒菜多为大火急炒，因此选料十分讲究。一般要选择较嫩的里脊肉和蔬菜，炒出来才会鲜嫩可口。

❖ **火候**

炒菜时，把握好火候十分重要，若火候不够或火候太过，炒出来的菜则很有可能不熟或者过老。

❖ **刀工**

有句谚语叫"横切牛肉顺切鸡"，指的是切牛肉要照肌肉纹理横着切，切鸡肉则要顺着肌肉纹理切，这样炒出来的牛肉才好熟易嚼，鸡肉才不易破碎。所以说刀工也很重要。

火候也很关键哦！

火候

炒的菜太香了！

刀工

对酒当歌，人生几何

中国是最早用酒曲酿酒的国家。在上古时期，先民们就已经开始酿酒了。在漫长的历史中，酿酒的方法不断演进，酒变得更加醇香醉人，并被文人赋予许多内涵。唐朝豪饮之风盛行，宋朝饮酒方式五花八门……中国的酒文化异彩纷呈。

❖ 六朝的爱酒名士

魏晋南北朝时期，饮酒之风盛行，尤其是晋朝的名士都十分爱饮酒，如西晋初期的竹林七贤、东晋名士陶渊明。

那时同样也有不少有识之士，如诸葛亮、王肃等，劝诫后人"慎饮"。

❖ 葡萄酒

葡萄酒是汉朝时被西域人当成贡品，传到中原的。唐朝时，饮葡萄酒在宫廷和民间流行起来。元代，葡萄酒成为宫廷宴饮的必备品。

葡萄酒杯

❖ 酒令

酒令在唐朝兴盛起来，有雅俗之分，"雅令"在文人雅士之间流行，一般以接诗句、对对子的形式进行；在民间流行的是"通令"，一般有掷骰子、抽签、划拳、抓阄等行令方式。

❖ 唐朝的豪饮之风

我们耳熟能详的唐朝诗人李白、贺知章、杜甫等，都爱好饮酒。杜甫曾这样描写李白："天子呼来不上船，自称臣是酒中仙。"

焦遂　张旭　李适之　苏晋

宋代，饮酒逐渐变成一种流行和时尚，人们在越来越多的重要场合设置酒席。比如祝寿时要喝寿酒，结婚时要喝喜酒，接待贵宾时要喝接风酒，送别友人时要喝饯行酒……

❖ 酒礼

酒礼是饮酒的礼节，许多古代的酒礼到今天依然被沿用。比如，在酒宴上，主人向客人敬酒称为"酬"，客人回敬主人则称为"酢（zuò）"。在敬酒时，双方都要站起来，称为"避席"，普通敬酒时一般敬三杯为宜。

❖ 交杯酒

在宋朝，夫妻新婚时要喝"交杯酒"，两人先各自饮半杯酒，再互相交换一起饮完剩下的半杯。这种习俗在先秦时就已经出现，但"交杯酒"一词却是宋朝人发明的。

崔宗之

李白

李琎

贺知章

人生得意须尽欢，莫使金樽空对月。

❖ 饮中八仙

饮中八仙指的是唐朝8位嗜酒名士：李白、贺知章、李琎（jìn）、李适之、崔宗之、苏晋、张旭、焦遂。

我们喝茶去！

中国人饮茶的历史十分悠久。汉代的文献对茶已有正式记载；魏晋南北朝时期茶文化逐渐兴起；唐宋时期茶文化逐渐走向兴盛，制茶的技艺得到发展；元明清时期，茶成为人们不可或缺的日常饮品；清朝以后饮茶之风更是传到了西方国家。

❖ "茶圣"陆羽

陆羽是唐朝人，他非常爱茶，28岁时就写出了《茶经》，这是世界上第一部讲茶的书。《茶经》探讨了饮茶的艺术，为中国茶文化的形成打下了基础。

❖ 宋代茶肆

南宋时，说书在民间流行起来，而宋朝兴起的茶肆为听书提供了好场所。人们在茶肆一边听书，一边喝茶。宋朝各处遍布茶肆和茶坊，无论白天还是晚上人们都能找到喝茶的地方。

茶则

盖碗

茶碾

茶磨

茶针

❖ 茶礼与茶道

　　来客人时向客人敬茶，是汉民族表达好客的一种礼仪，这种古老传统礼仪，一直延续到今天。

　　茶道最早起源于中国民间，是茶艺与精神的结合。唐朝时，中国的茶传到日本，日本也在漫长的历史中形成了独具本国特色的茶道。

❖ 斗茶

　　斗茶是一种品评茶的优劣的比赛，起始于唐朝，兴盛于宋朝。每年清明前后是出新茶的时候，因此这时最适合斗茶。名流雅士、茶商文人聚集在一起，通过看茶色、闻茶香、品茶味来分辨茶叶的优劣品级。

❖ 古代茶具

　　茶具包括茶壶、茶杯、茶碗、茶碟、茶盏等，有陶质茶具、瓷器茶具、玻璃茶具、金属茶具、漆器茶具和竹木茶具，人们日常使用最多的是前三种。

斗茶

陶质茶具

玻璃茶具

瓷器茶具

果料茶

❖ 举世品茶

　　明清时期，茶成为中国最普及的饮品，也是中国文化的一种象征。与此同时，茶也传播到了许多西方国家，尤其是英国人养成了喝下午茶的习惯。茶在全世界变得越来越流行。

❖ 果料茶

　　南宋时，已经有人将榛子、松子、杨梅干等果仁加入茶汤中做成果仁茶。到了元代，蒙古贵族热衷于饮用果料茶，果料茶一下子身价倍增并风靡全国。

古人也吃"冰激凌"

我们现在常吃的冰激凌,其实是从中国传到西方去的。先秦时出现了冰食。唐代出现的冰食"酥山",已经有现在冰激凌的影子。到了元代,这种冰食更成了宫廷常见的食品。

❖ **酥山**

唐代的"酥山",不但属于冰食,而且还添加了糖、蜜等,口感松软,有一定造型,和今天的冰激凌很相似。

冰桶

吃酥山

酥山

冰桶

❖ **牛奶和酥酪**

自东汉末年以来,我国北方边境上的少数民族开始不断向中原地区迁徙。这给中原地区的饮食带来很大改变,汉族人开始食用奶制品,做酥和酪,其中的"酥"和我们今天吃的黄油相似。

酪　酥　牛奶

❖ 最早的冰食

夏商周时期，人们已经开始食用冰了。后来，冰食在上层社会越来越流行。古人冬天凿冰存入冰窖里，到酷暑时节再取出来，供上层社会降温或食用。

❖ 最早的冰激凌

元代时，一位食品商人突发奇想，在冰中加入蜜糖、牛奶、珍珠粉等原料，做出了香甜可口的冰食，这就是世界上最早的冰激凌。

❖ 风靡欧洲的冰激凌

中国古代"冰激凌"的做法由马可·波罗带回欧洲后，逐渐在欧洲风靡起来。法国人和英国人又在冰激凌里增加了许多新配料，使其成为王室中的一大美食。

八大菜系，你吃过几种

"八大菜系"是指鲁菜、川菜、粤菜、闽菜、苏菜、浙菜、湘菜、徽菜。秦汉时期鲁、川、粤三大菜系已经出现，明朝时八大菜系渐趋形成并逐渐成熟。八大菜系各具特色，用料讲究。

鲁菜

鲁菜也称山东菜，可谓八大菜系之首。历史悠久的鲁菜，早在春秋战国时期就已出现。

鲁菜风味以"咸鲜"为主，常用葱、姜、蒜提味增香，注重鲜、香、脆、嫩，技法偏重爆、炒、烧、扒、蒸、拔丝，擅长调制清汤、奶汤，以及烹饪海鲜等。

（德州扒鸡、糖醋鲤鱼、九转大肠、葱烧海参、锅塌豆腐）

川菜

川菜起源于春秋战国时期的楚国，主要由成都菜、重庆菜和自贡菜构成。

川菜"麻、辣、辛、香"的特点，是在清朝辣椒开始用在饮食上以后才形成的。现代川菜有麻、辣、甜、咸、酸、苦6种味道，在此基础上又组合出20多种复合味道，素有"百菜百味"的特点。

（川味九宫格、夫妻肺片、水煮肉片、麻婆豆腐、水煮鱼）

粤菜

粤菜萌发于先秦时期，汉代逐渐成形，主要由广东菜、潮州菜和东江菜构成。

粤菜讲究清、鲜、嫩、爽、滑，夏季口味清淡，冬季则偏浓郁，擅长蒸、炒、煎、焗、焖、炸等，追求清淡中的鲜美。

（烧鹅、咕噜肉、蜜汁叉烧、白切鸡、盐焗鸡）

闽菜

闽菜即福建菜，始于魏晋南北朝时期，在晚唐五代时期得到发展，主要由福州菜、厦门菜、闽西菜构成。

闽菜讲究刀工，制作精巧，色、形、味俱佳。闽菜味道上偏清鲜，醇厚不腻，擅长制汤，用红糟和糖醋调味。

（清汤鱼丸、太极明虾、鸡汤氽海蚌、佛跳墙、八宝红鲟饭）

苏菜

苏菜起源于先秦时期，主要由南京菜、淮扬菜、苏锡菜、徐海菜构成。到南宋时，苏菜和浙菜同为南方美食的两大台柱。

苏菜选料严谨，制作工艺精细，四季有别，擅长炖、焖、蒸、炒，讲究吊汤。苏菜风味清鲜，注重保持菜的原汁原味，浓而不腻，淡而不薄，味道适中。

清炖狮子头　盐水鸭　翡翠蹄筋　叫花鸡　松鼠鳜鱼

浙菜

两宋时期，浙菜脱颖而出，成为南方美食的台柱之一。浙菜由杭州菜、宁波菜、绍兴菜构成。

浙菜常用的烹调技法有30多种，尤其擅长煨、焖、烩、炖等，非常讲究刀工，制作精细，菜式小巧玲珑，味道鲜美滑嫩、脆软清爽。

油焖春笋　生爆鳝片　清汤越鸡　西湖醋鱼　龙井虾仁

湘菜

湘菜早在汉朝就已经初步形成，到明代受到人们的青睐，以湘江流域、洞庭湖区和湘西山区的菜肴为代表。

湘菜的特点是制作精细，用料比较广泛，品种多变，油重色浓。口味上注重酸辣、香鲜，烹调技法上擅长煨、蒸、煎、炒、炖等。

麻辣仔鸡　腊味合蒸　红煨鱼翅　剁椒鱼头　干锅茶树菇

徽菜

徽菜起源于秦汉时期，兴盛于明清时期，是徽州六县的地方特色菜，由徽州、沿江、沿淮三个地方的特色风味构成。

徽菜讲究火候，重视用油和色泽，讲究食补，烹调方法上擅长烧、炖、蒸，爆和炒较少。

清蒸石鸡　红烧臭鳜鱼　荷叶粉蒸肉　徽州毛豆腐　鲜腌鳜鱼

中华老字号，记忆中的味道

明清时的许多老字号店铺都流传了下来，如天福号、全聚德、砂锅居、稻香村、狗不理等。我们现在吃到的一些风味独特的知名美食，可能诞生于很多年前。它们经过了几百年的世代传承，广受社会认可。

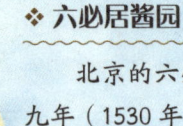

❖ 六必居酱园

北京的六必居酱园始于明代嘉靖九年（1530年），至今已有490多年的历史。据说，其店堂里悬挂的金字大匾上"六必居"三个字出自明朝宰相严嵩之手。

六必居主要经营腌菜和调味品，最出名的就是酱菜，代表性的产品有：甜酱萝卜、甜酱黄瓜、甜酱甘露、甜酱姜芽、甜酱八宝菜等。

❖ 全聚德烤鸭

全聚德创建于清同治三年（1864年），至今已有150多年的历史。全聚德菜品以全聚德烤鸭为代表，此外"全鸭席"400多道特色菜品也很有名。

全聚德烤鸭被誉为"中华第一吃"，深受中外各界人士的喜爱。

❖ 砂锅居饭庄

砂锅居饭庄创建于清乾隆六年（1741年），至今已有280多年的历史。

砂锅居饭庄主打砂锅系列，招牌菜是砂锅白肉。砂锅居采用烧、扒、白煮等烹饪技法，做成的猪肉菜品外酥里嫩，清香隽永。

> 天福号的酱肘子，看起来好诱人啊。

> 娘说让我们去六必居买酱菜呢！

❖ 狗不理包子铺

天津狗不理包子铺创建于清咸丰八年（1858年），至今已有160多年的历史。

狗不理包子的面和馅选料精细，作料丰富，制作工艺严格，口感柔软、鲜香不腻，每个包子的褶不少于15个。

❖ 稻香村糕点

苏州稻香村创立于清乾隆三十八年（1773年），至今已有240多年的历史。

苏州稻香村用材选料质量高、制作工艺细致、糕点成品精致美味，特色糕点春有大方糕、酒酿饼；夏有清凉糕、冰雪酥；秋有巧果、苏式月饼；冬有糖年糕、核桃酥、马蹄糕等。

今天终于买到酱肘子了。

❖ 天福号酱肉铺

北京天福号酱肉铺创建于清乾隆三年（1738年），至今已有280多年的历史。2008年，天福号酱肘子的制作技艺被列入国家级非物质文化遗产代表性项目名录。

天福号招牌菜酱肘子，选料严格，制作工艺精细，辅料齐全，风味独特，深受顾客喜爱。

不可错过的地方风味小吃

中国的饮食文化源远流长，不仅有风味独特的地方菜，还有无数的地方风味小吃。这些风味小吃味道鲜美，广受人们喜爱，种类之丰富，让人叹为观止。无论走到哪里，我们总能找到令人垂涎三尺的风味小吃。如今，品尝地方风味小吃已成为人们旅行的一部分。

❖ **北京驴打滚**

驴打滚是北京的传统小吃，又称作豆面糕，味道香甜，口感绵软，豆馅入口即化，老少皆宜。

❖ **天津麻花**

天津最有名的桂发祥十八街麻花，早在100多年前就已经出现了。麻花中间夹着酥馅，含有桂花、闽姜、桃仁、瓜条等，酥脆香甜。

❖ **柳州螺蛳粉**

螺蛳粉是广西壮族自治区柳州市的著名小吃，具有辣、爽、鲜、酸、烫的独特风味，味道鲜美，令人垂涎欲滴。

❖ **哈尔滨红肠**

哈尔滨红肠是哈尔滨最具代表性的风味小吃，做法精良，味道醇厚、鲜美，表皮带着烟熏的芳香。

❖ 武汉热干面

热干面是武汉的传统小吃之一，没有汤，吃时需要搅拌均匀，面条筋道，色泽黄而油润，味道鲜美，与北京炸酱面、山西刀削面、兰州拉面、四川担担面并称为"中国五大面条"。

❖ 成都龙抄手

抄手是四川人对馄饨的特殊叫法。龙抄手是成都著名的传统小吃，选料讲究，制作精细，皮薄筋道，馅嫩鲜美，汤味道浓郁，深受人们欢迎。

❖ 西安羊肉泡馍

羊肉泡馍源自陕西省渭南市固市镇。选用上好的羊肉，浓香的汤料，香气四溢，是西安人早餐的首选。

❖ 云南过桥米线

过桥米线是云南经典的传统风味小吃，有100多年历史，汤料鲜香醇厚，米线鲜嫩可口，配料丰富。

❖ 绍兴臭豆腐

绍兴臭豆腐历史悠久，还曾被慈禧太后列为御膳小菜。臭豆腐闻起来臭，吃起来香，是一种极具特色的传统小吃。

臭豆腐真是太美味了。

太难闻了！

远道而来的食物

我们现在吃的许多食物,都是从国外传过来的。西汉时张骞出使西域,开辟丝绸之路,石榴、大蒜、葡萄、葡萄酒等经丝绸之路传了过来;明朝时番薯、马铃薯、玉米、番茄、辣椒等传入中国;清朝和民国时啤酒、罐头、饼干、汽水、咖啡,以及三明治、巧克力、可口可乐等传入中国。

❖ 张骞出使西域

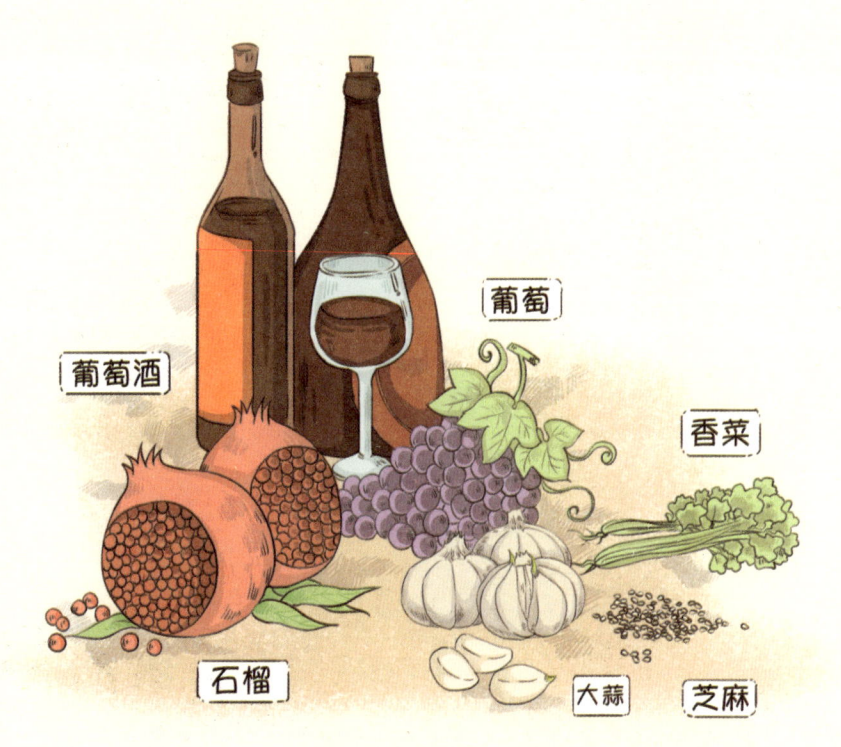

西汉时期,汉武帝派张骞出使西域。张骞两次出使西域,开辟了中原与西域交流的通道,即著名的"丝绸之路"。许多西域的食物传到了中原,如香菜、芝麻、葡萄、石榴、大蒜等,都是两汉时期从西域传过来的。

葡萄酒　葡萄　香菜　石榴　大蒜　芝麻

❖ 郑和下西洋

明朝,郑和担任使团正使,带领船队七次下西洋,沿途拜访了30多个国家和地区,并将中国的茶叶、丝绸、瓷器传到国外。

与此同时,许多国外的食物也传到了国内,我们常吃的玉米、番茄、马铃薯、辣椒和花生都是在这一时期传入的,这些食物大大丰富了人们的餐桌。向日葵也是这时候传进来的。

清朝

虽然清朝实行闭关锁国，与西方的贸易交流减少了很多。但这一时期仍然从印度等地传入了草莓、苹果等水果，以及卷心菜、洋葱、西葫芦等蔬菜。

清朝末年，国门被列强打开，随着列强的入侵，许多西方食品也跟着传了过来，如啤酒、罐头、饼干、口香糖、汽水、咖啡等，这些快捷食品也渐渐对国人的饮食方式产生了影响。

饼干　啤酒　咖啡
苹果　草莓　洋葱　卷心菜

民国

民国时期，越来越多的外国食品大量涌入国内，其中三明治、巧克力、可口可乐等对国人饮食方式产生的影响最大。

三明治　可口可乐　巧克力

马铃薯　辣椒　花生　番茄　向日葵　玉米

56个民族是一家

中国一共有56个民族。在漫长的历史中，许多少数民族由于聚居地的环境和气候不同，风俗习惯、生活方式和饮食习惯、食物种类也各有特点，形成了各具特色的饮食文化。

❖ 回族

回族在我国各地都有分布，其中以宁夏回族自治区比较集中。北方的回民以面食为主食，南方的回民以大米为主食。在肉类食物上，回民以牛羊肉为主。回民的菜品口味咸鲜，汁味浓厚，"清真菜""清真小吃""清真糕点"都非常受欢迎。

❖ 蒙古族

蒙古族主要分布在内蒙古自治区，他们的主要食物是"红食"和"白食"。"白食"是指各种奶制品，如鲜奶、酸奶、奶酒、奶皮子、奶酪、奶酥等。"红食"则是指以羊肉为原料的食品，如手扒羊肉、涮羊肉、羊肉串等。此外，奶茶和炒米也是蒙古族代表性的食物。

❖ 维吾尔族

维吾尔族主要分布在新疆维吾尔自治区，以面食为主食。维吾尔族人喜欢吃牛羊肉，配上各种蔬菜、瓜果以及奶制品。羊肉抓饭、烤馕、烤全羊、羊肉串、包子等都是维吾尔族代表性的美食。

❖ 满族

　　满族主要分布在东北三省，河北、内蒙古自治区和京津地区也有分布。过去，满族人主要以小米、高粱米、玉米为主食，现在以面食和大米为主食。火锅、全羊席、酱肉、萨其马是满族代表性的风味美食。

满族

满族八大碗

壮族

糍粑　糯米饭　水晶包

❖ 壮族

　　壮族是中国人口最多的少数民族，主要分布在广西壮族自治区。大米和玉米是壮族人的主食。壮族人喜爱甜食，五色糯米饭、糍粑、水晶包都是壮族的特色美食。

❖ 藏族

　　藏族主要分布在西藏自治区。在这片世界海拔最高的高原上，藏族人形成了独具特色的饮食习俗。他们以青稞、小麦为主食，平时常吃的食物有糌（zān）粑（ba）、牛羊肉、奶制品，青稞酒和酥油茶是藏族人独具特色的饮品。

藏族

牛肉　酥油茶　糌粑

35

节日里的美食

中国有很多历史悠久的传统节日，许多节日都有特别的美食，这些美食往往有着特别的来历，如除夕的水饺、元宵节的元宵、清明节的青团、端午节的粽子、中秋节的月饼、重阳节的重阳糕、腊八节的腊八粥等。

❖ 春节

春节也就是农历的新年，是中国最重要的传统节日。春节期间，家人们聚在一起，扫尘、办年货、贴春联、吃年夜饭、守岁⋯⋯

除夕，全家人团聚在一起吃年夜饭。南、北方的年夜饭有一些差异。北方年夜饭中水饺必不可少，还要有鸡有鱼；南方年夜饭要有年糕、鱼、丸子等。

❖ 元宵节

元宵节是农历正月十五，又称上元节、灯节等。人们在元宵节有赏花灯、吃元宵、猜灯谜等习俗。元宵是元宵节最有代表性的食物，用糯米包上不同的馅料做成，象征着阖家团圆。

❖ 清明节

清明节一般在公历 4 月 5 日前后，人们在清明节有扫墓祭祖的习俗。在古代，清明前一两日是寒食节，人们在这一天有吃冷食的习惯，比如寒食粥、寒食面等。现在北方有一些地方人们将吃冷食的习俗移到了清明节；而南方则有在清明节吃青团的习俗。

❖ 端午节

　　农历五月初五端午节，又称端阳节、龙舟节等，传说是为了纪念楚国诗人屈原而设立的节日。人们在端午节有赛龙舟、采艾叶、吃粽子等习俗。

❖ 中秋节

　　农历八月十五中秋节，又称团圆节，是人们盼望与家人团圆的传统节日。自古以来，中秋节就有赏月、吃月饼、饮桂花酒、赏桂花等习俗。如今，祭月仪式已渐消失。

❖ 重阳节

　　农历九月初九是重阳节，古人常在这一天登高、佩戴茱萸、饮菊花酒，传承到今天，重阳节又多了敬老的内涵。重阳节的代表食物有重阳糕、菊花酒等。

❖ 腊八节

　　农历十二月初八是腊八节，俗称"腊八"。腊八节有喝腊八粥，腌腊八醋、腊八蒜等习俗。春节配腊八蒜、蘸腊八醋吃饺子，别有一番风味。

今天，我们怎么吃？

随着经济和科技的迅速发展，我们今天能享用到的美食空前丰富，越来越精致，人们开始讲究饮食健康、营养搭配，但也出现了各种垃圾食品，危害着我们的健康。饭店越来越多，外卖的出现使我们足不出户就能享用到天下美食，但同时也给我们的环境带来了威胁……

❖ **方便的外卖**

如今，即使足不出户，便利的外卖也能让我们尝遍各种美食。在快节奏的城市生活中，外卖大大节省了人们的时间，也改变了人们的生活方式。

您好，您的餐已经取好，请您稍等哦。

我想吃汉堡。

❖ **垃圾食品**

垃圾食品是指焦煳、高油、高盐、高糖的食品，如方便面、炸鸡、薯条、可乐等，虽然美味方便，但过度摄入很可能会导致肥胖和疾病，我们应尽量少食用垃圾食品，杜绝不良的饮食习惯。

❖ 丰富的美食

随着时代的发展，如今我们再也不用担心挨饿。走出家门，大街上就能看到各种各样的饭店，丰富的美食种类，多样的食物口味，总能满足我们的需求。

❖ 白色污染

我们不能忽视外卖带来的环境隐患。外卖所使用的一次性餐盒和塑料袋如果缺乏有效的回收处理，可能会污染土壤和水体，释放有害物质，对自然环境造成危害。

❖ 膳食营养搭配

健康如今已经成为全世界人民共同关注的事情，减少油、盐以及垃圾食品的摄入量，多吃蔬菜、水果、奶类、豆类等，适量吃肉类，追求营养均衡。

中国居民平衡膳食宝塔是由中国营养学会推出的适合中国人的膳食搭配指南。这一指南提出了各类食物每天建议的摄入量。

盐<6克
油25~30克
奶制品 300克
大豆坚果类 25~35克
蛋类 40~50克
水产类 40~75克
畜禽肉 40~75克
水果类 200~350克
蔬菜类 300~500克
谷薯类 250~400克
水 1500~1700毫升

为了更好的明天

一粥一饭，当思来之不易。——《朱子家训》

即使我们生活在物质空前丰富的今天，仍然应该牢记古人的教诲。每一份食物里，都含着工作人员的汗水。

为了更好的明天，请珍惜每一粒粮食，培养健康的饮食习惯，并做好垃圾分类。

可回收垃圾　干垃圾　湿垃圾　有害垃圾

一起来做美食家

看了这么多美食,你想不想亲自动手做出美味的食物呢?

和爸爸妈妈一起动手,尝试做一做下面这些美味的食物吧!

需要的食材:

面粉、温水、植物油、配菜

① 面粉中加入温水,揉成光滑的面团。

② 再将面团揉成长条状,切成相等的小块。

两层之间刷油

③ 把小块面团擀成面皮,刷一层油,两张叠放在一起。

④ 把叠放在一起的两张面皮擀得薄薄的。

蒸15分钟

⑤ 把所有擀好的面皮放入蒸笼,蒸15分钟后取出。

⑥ 把面皮一层层揭开,抹上酱料,配上喜欢的菜,享用吧!

立春吃春饼,也叫"咬春"。

我们来做蜜枣粽子吧!

需要的食材:

糯米、蜜枣、粽叶、线绳

① 将粽叶洗干净,放进锅中用水煮软,捞出来沥干水分。

② 将糯米洗干净,沥干水分。

③ 取一片宽大的粽叶,卷成圆锥形状。

④ 在圆锥形状的粽叶中加入糯米和几粒蜜枣。

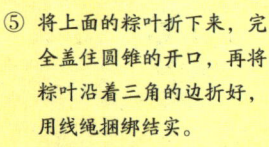

⑤ 将上面的粽叶折下来,完全盖住圆锥的开口,再将粽叶沿着三角的边折好,用线绳捆绑结实。

⑥ 将包好的粽子放入锅中,加水用大火煮一个小时,再换成文火焖一个小时,香甜的蜜枣粽子就做好啦。

需要的食材：

面粉、糖浆、食用油、喜欢的月饼馅料

① 将糖浆和食用油混合在一起，搅拌均匀，加入面粉中，揉成光滑的面团。

② 用保鲜膜把面团包起来，醒发一个多小时。

③ 将面团分成30克一个的小面团，揉成圆形。

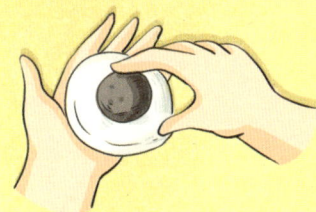

④ 取一个小面团捏扁，放入20克喜欢的馅料，如豆沙、莲蓉、枣泥、五仁等。

⑤ 用面皮把馅料包好，揉成圆形，用月饼模具压出好看的花纹。

⑥ 把做好的月饼放入180摄氏度的烤箱中烤5分钟，取出放凉后刷一层蛋黄液，再放入150摄氏度的烤箱烤10分钟。

⑦ 黄澄澄的月饼就做好啦，装到保鲜袋中，在冰箱里放2天再吃味道更好哦。

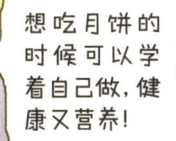

想吃月饼的时候可以学着自己做，健康又营养！

做腊八粥并不难！

需要的食材：

冰糖、大米、小米、玉米、薏米、红枣、莲子、花生、桂圆以及各种豆类……（可根据自己喜好选择要加入哪些食材）

① 先将除冰糖外的所有食材浸泡1~2小时，并洗干净。

② 在锅中加入适量水，加入所有食材煮开。

③ 煮开后再转到中小火，煮30分钟左右，直到米粒开花，粥变浓稠。

④ 加入冰糖调味，就可以盛出来食用啦。